建筑规划 园林景观 环艺室内

姚 凯 许传侨 编著

设计传达

Design Draw 手绘表现精选
Hand drawn performance selection

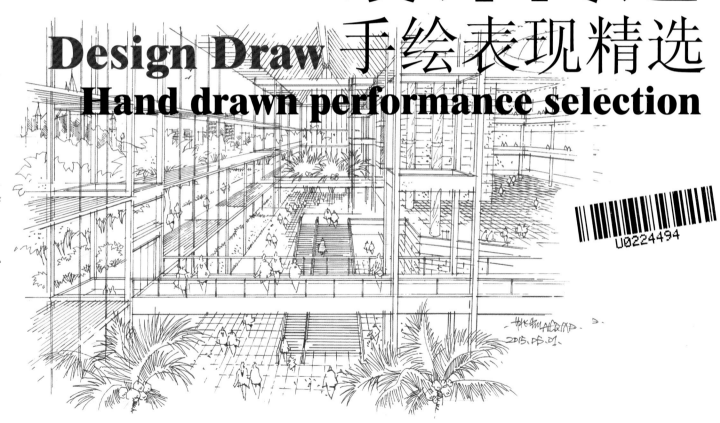

中国建材工业出版社

图书在版编目（CIP）数据

设计传达手绘表现精选 / 姚凯，许传侨编著．北京：
中国建材工业出版社，2015.11

ISBN 978-7-5160-1309-0

Ⅰ．①设 … Ⅱ．①姚 … ②许 … Ⅲ．①建筑设计一绘
画技法 Ⅳ．① TU204

中国版本图书馆 CIP 数据核字 (2015) 第 258920 号

设计传达手绘表现精选

姚　凯　许传侨　编著

出版发行：中国建材工业出版社

地　　址：北京市海淀区三里河路 1 号

邮　　编：100044

经　　销：全国各地新华书店

印　　刷：北京盛通印刷股份有限公司

开　　本：787mm×1092mm　1/16

印　　张：8.25

字　　数：200 千字

版　　次：2015 年 11 月第 1 版

印　　次：2015 年 11 月第 1 次

定　　价：68.00 元

本社网址：www.jccbs.com.cn　　微信公众号：zgjcgycbs

本书如出现印装质量问题，由我社网络直销部负责调换。联系电话：(010)88386906

前 言

　　手绘既是理性，亦是感性。她是设计空间的的另一种语言的诠释。对于我来说，手绘更多的是我的思想的灵动表达。

　　在设计实践当中，手绘充当着设计的先行者，她以快速的、准确的表达，第一时间实现设计师的想法。同时，手绘也是设计表现的基本功，她具有极强的绘画性与严谨的规范性。她培养的是设计师优雅的审美鉴赏力和灵动的设计表现力，以及敏锐的思维创造力，可以说手绘表现是建筑规划、风景园林和环境艺术设计专业设计研究的一双手，在手与脑的科学结合下，既能表达空间设计的缜密性，又能展现空间设计的完整性，从而为设计的诞生根植下坚实的基础。

　　手绘是为设计而服务的，她可以激发设计师的想象力和创造力。在这本书中，我最想表达的也在于此。

本书仅为作者个人观点，望各界人士多多批评指正。

交流邮箱：1223877768@qq.com

作者简介

姚凯

鲁迅美术学院学士学位 硕士学位

中国建筑装饰协会 CBDA 室内建筑师
中国建筑装饰协会 CBDA 景观设计师

2009 年考取鲁迅美术学院。
2013 年获得鲁迅美术学院学士学位，同年以第一名成绩考取了鲁迅美术学院
环境艺术设计系马克辛教授（创意思维与表现技法研究专业）文学硕士。

助课教师经历 2013—2015

2013 年助课——立体构成
2014 年助课——平面构成
2014 年助课——建筑与景观设计
2015 年助课——环境艺术设计史
2015 年助课——施工组织设计

设计项目经历 2009—2015

陕西省延安市革命旧址——清凉山旧址保护规划
河北省清东陵博物馆设计
辽宁省沈阳市 126 中学景观规划设计
辽宁省沈阳市中国医科大学校园景观设计
辽宁省沈阳市浑河西峡谷沿河景观设计
辽宁省大连市金州新区大黑山居住区景观规划设计
辽宁省大连市疗养院景观规划设计

辽宁省沈阳市西部酒城室内改造设计
辽宁省沈阳市真爱迪吧室内设计
辽宁省本溪市唱响 KTV 室内改造设计
辽宁省沈阳市 MOMO 咖啡吧室内设计

辽宁省沈阳市盾安新一城美食广场设计
辽宁省沈阳市倍滋客餐饮连锁店设计
辽宁省鞍山市百盛商业广场改造设计
江苏省常州市奇鑫美食广场空中花园设计

作者简介

许传侨

鲁迅美术学院学士学位 硕士学位

中国建筑装饰协会 CBDA 室内建筑师
中国建筑装饰协会 CBDA 景观设计师

2009 年考取鲁迅美术学院。
2013 年获得鲁迅美术学院学士学位，同年以第一名成绩考取鲁迅美术学院
环境艺术设计系马克辛教授（创意思维与表现技法研究专业）研究生。

助课教师经历 2013—2015

2013 年助课——建筑与景观设计
2014 年助课——素描基础课
2014 年助课——色彩基础课
2015 年助课——广场园林景观设计
2015 年助课——施工组织设计

设计项目经历 2009—2015

陕西省延安市革命旧址——清凉山旧址保护规划
河北省清东陵博物馆设计

辽宁省沈阳市中街大悦城商业景观设计
辽宁省沈阳市皇姑区塔湾区规划设计
辽宁省沈阳市中国医科大学校园景观设计
辽宁省大连市金州新区大黑山居住区景观规划设计
辽宁省大连市疗养院景观规划设计

辽宁省沈阳市齐鑫华府店室内设计
辽宁省沈阳市盾安新一城美食广场设计
辽宁省沈阳市倍滋客餐饮连锁店设计
辽宁省鞍山市百盛商业广场改造设计

辽宁省沈阳市快乐迪量贩式 KTV 设计
辽宁省本溪市唱响 KTV 室内改造设计
辽宁省沈阳市真爱迪吧室内设计
辽宁省沈阳市西部酒城室内改造设计
辽宁省沈阳市 MOMO 咖啡吧室内设计

目录

第一章 认识手绘   1

一、　认识手绘   2
二、　手绘与设计表达的多样性   3
三、　手绘的使用   4
四、　手绘实践——如何画好手绘   5
五、　绘画基础对于设计师的重要性   6
六、　设计师如何运用手绘来表达设计   9

第二章 手绘基础知识   11

一、　线条的练习与运用   12
二、　色彩的练习方法   15
三、　室内陈设与配饰表现   16
四、　景观园林植物表现   30
五、　人物的练习与应用   53
六、　马克笔空间上色步骤讲解   56

第三章 设计手绘表达   63

一、　规划设计手绘空间效果图表现   64
二、　景观设计手绘空间效果图表现   68
三、　室内设计手绘空间效果图表现   95
四、　建筑设计手绘空间效果图表现   118

第一章　认识手绘

一、认识手绘

　　设计的表达方式有多种，手绘是其中之一。

　　手绘作为一种设计师不可或缺的表现形式，不同于电脑表现、模型制作等表现形式的关键在于，设计师可通过对空间环境、光影、色彩等因素的把握，快速地在纸上绘制出最初设计构思的整体氛围，在短时间内完成一次创意思维的表达，能更好地体现设计师的设计主旨及艺术氛围。

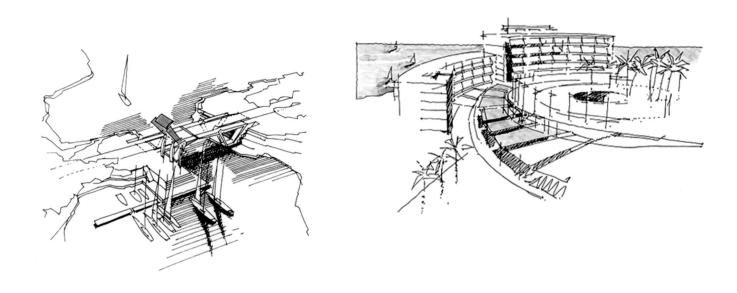

二、手绘与设计表达的多样性

在数字化媒体被广泛运用的今天，设计的表达形式更是趋于多样化。如何运用多元化的表达方式更直观地展现设计理念是当今时代的发展赋予设计师的新命题。设计表现形式可以简单概括为以下几点：

语言表现；

3D 效果图；

3D 模型；

动画漫游；

平立剖三视图；

手绘表现；

数字多媒体表现；

实体模型展示表现。

三、手绘的使用

    手绘表现图作为一种强大的视觉交流手段，是设计师对自我设计灵感的表达与记录，是设计师对于作品的主观表现与整合。手绘作为平时记录的工具可以积累一些设计经验，也可以在推敲设计方案过程中随手勾画出一些草图帮助自己思考。

    现代的设计机构一般都以团队形式面对客户，团队成员之间的交流较为重要。主创设计师在与制图人员、施工人员对接交流的过程中，经常会直接用到手绘效果图来表现，那么双方都应该具备绘图、识图的能力，才能有效地沟通。

    当今社会随着计算机软件的提升，虚拟真实的技术发展，手绘愈加被 3D 技术取代。但仍然有许多景观设计公司在给客户看方案的时候选择手绘效果图，因为手绘表现更具有艺术性与生动性，更能提升方案的品质。同时，也有许多客户偏爱手绘，因其具有表现价值，所以手绘这一表现形式是不可能被取代的。

四、手绘实践——如何画好手绘？

1. 观察与收集

大量阅读书籍、杂志，并收集绘图方面的参考书，观察好的绘图例子，有助于扩大视野、提高眼界。

2. 模仿与创造性

在手绘效果图绘制的初级阶段，应学习大师作品，模仿大师作品，有助于提升手绘技巧，但这种临摹只存在于初学阶段，随着个人风格的逐渐形成，尝试着寻求不同的表现方法，最终应有自己的风格和形式。

3. 借鉴优秀作品、积极与人交流

在阅读大量作品的同时也要提出问题、提出意见，从其他作品中找到自己需要提升的部分，并且虚心接受他人提出的意见或建议。

4. 自信与坚持

手绘学习的过程中每一个阶段都是量变到质变的过程。因此，短暂的瓶颈期是必经之路，不要气馁，重点是体现设计、说明自己的设计思路，加上自己的绘画风格，坚持不懈，最终展现出优秀的作品。

5. 轻松愉悦的心态

绘图的过程中要保持心情放松、愉悦，要轻松大胆地绘制线条，不断摸索。将手绘赋予更多的个人兴趣，在绘图的过程中感受自我的专注与创作的激情。

6. 坚持将手绘作为设计师贯穿始终的技能

手绘是体现设计师的个人修养以及专业技能的有效途径，手绘这门艺术充分将设计师的心、脑、手融为一体，是设计师表达理念、提升个人修养的有力途径。一个优秀的设计师必然会将手绘这种表现贯穿设计生活的始终。

五、绘画基础对于设计师的重要性

很多人把手绘跟绘画对立。事实上，至少就基本功而言，绘画和手绘是不矛盾的，手绘不是要解决技法去创作新的先锋流派，而是越来越深入地理解形态和光影的规律，然后推敲。

这里说了，练再多也不过分。这决定了设计师能走多远。现在很多设计师已经是在享用前期训练带来的成果了。绘画表现的重要性在设计生涯中，前期占得比例很大。后期则是以推敲设计和吸收设计体现出这种工具的重要性。

很多人认为审美最关键。那么吸收和消化好的设计的手段是什么？手绘是很重要的手段，不停地画，不停地推敲，将好的形体变成血液。

有审美是很重要，但将审美表达出来才是重中之重。

大师的建筑手稿简约狂野，而没人看到大师以前的基础训练。对于空间造型、透视、光影、线条，那些事是融在骨子里的。

手绘就是要靠一点点用身体感觉，肌肉记忆。

设计师用手绘来传达自己的设计思想，仍然是一种最直接、最自由的传达方式，从这层意义上说，电脑无法完全取而代之。

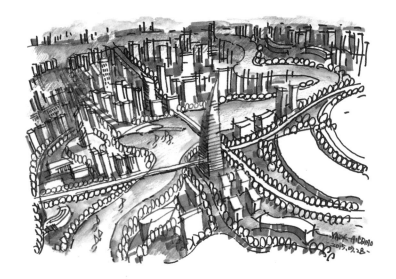

六、设计师如何运用手绘来表达设计

　　手绘表现是指设计师通过图形的方式来表达设计师设计思想和设计理念的视觉传达手段，它是一种动态的、有思维的、有生命的设计语言。

　　手绘表现与设计的关系，是形式与思想的统一，两者同时蕴含于一个设计过程中，表现是设计的形式，设计是表现的目的与动机。

草图在设计应用中起到进行分析的作用。其主要作用在于提出设计思想，形成的过程为：感知——思考——绘制，再感知——再思考——再绘制，反复推敲过程，是一种动态的、有思维的、有生命的过程。

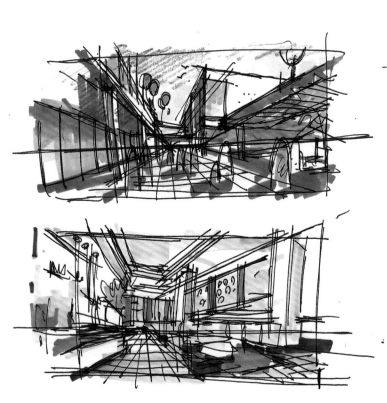

第二章　　手绘基础知识

一、线条的练习与运用

　　线条是手绘表现的基础，也是构成画面的重要元素之一，如何表现出线条的美感是其关键所在。手绘表现中，用线的关键在于起笔、行笔与收笔，与书法用笔柔中带刚、力透纸背、入木三分有异曲同工之妙。手绘中对线条的应用可分为快线、慢线、抖线、曲线以及折断线等，根据不同的材质以及画面的需要来具体应用。

　　在构建手绘效果图的过程中，线条在描述框架时起着十分重要的作用，它不仅可以解决马克笔不能清晰刻画边界的问题，并且线条在渲染效果图中具有独特的艺术表现力。例如，在绘制马克笔效果图当中，可以通过线条的粗或者细、刚硬抑或柔美去有意地加强或者削弱某部分，增加效果图的艺术感染力。它是效果图的骨骼，是效果图的构架。

直线条准确、有设计感，且控制力较强，可作为速写线条以及徒手线条的最终体现。线条可分为有笔触和没有笔触两种表现形式，可根据个人喜好及效果图表现形式选择使用。

　　直尺线条由于借用尺规等辅助工具，对于绘制的控制力要求较低，适宜初学者，且对于画面尺度感与比例表达较为准确，可在初学阶段多加练习。

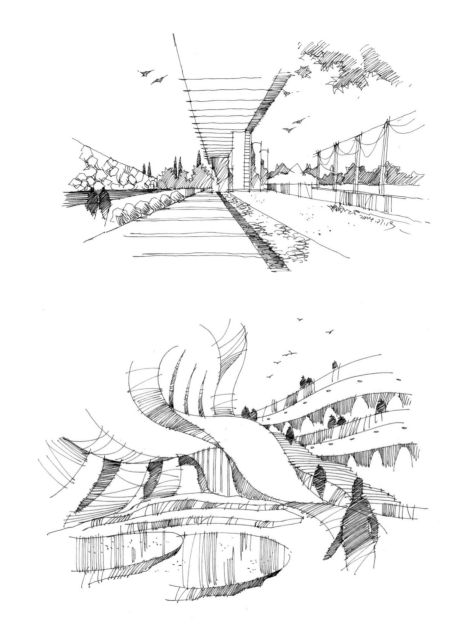

在方体中刻画不同颜色、不同材质，达到训练物体色彩以及物体材质感受的目的。

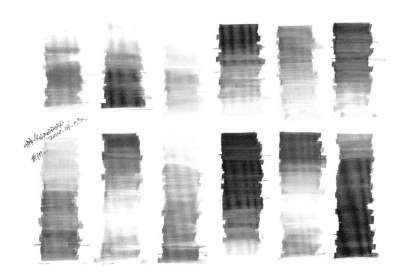

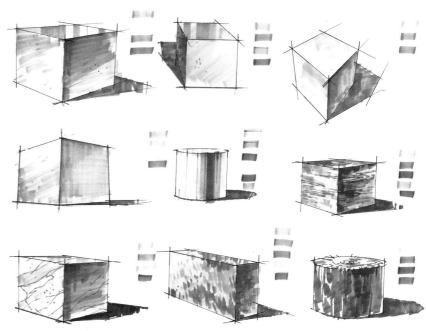

二、色彩的练习方法

色阶是画面色彩构成关系的主要部分，色阶的系统训练可以有效地提高学生对于马克笔色彩的掌握。

三、室内陈设和配饰表现

　　室内陈设是室内设计的重要组成部分，也是室内设计的精髓所在，室内设计与室内陈设设计有着共通的属性。陈设设计是在空间内，对陈设品的造型、色彩、位置等按照功能需求与审美法则，进行合理布置与规划，通过总体设计来充分体现其空间的艺术品位和文化内涵。

　　陈设设计始终是以表达一定的思想和精神文化空间为主题，渗透着社会文化、地方特色、民族气质等精神内涵，对室内氛围的渲染有着举足轻重的作用。

　　单体是构成画面空间的重要元素之一，单体训练的目的在于训练如何塑造形体的材质、结构、形态等，是形成基础功底的重要过程。

室内陈设又分为功能性陈设与装饰性陈设两部分。功能性陈设是指具备一定的使用价值或者观赏价值的物品，主要包括家具、家电、织物（如窗帘、床套、地毯、抱枕等）和其他一些日用品，在满足功能的前提下，要十分注重造型与色彩的选择；而装饰性陈设主要是用于纯粹性的观赏，具有比较强的艺术性，主要包括艺术品、字画、工艺品、收藏品等。格调高雅，具有很强的文化内涵，能够很好地营造空间文化艺术氛围，赋予空间精神价值。

室内绿植的表现方法：

1. 注意不同位置叶子的方向；

2. 用叶子的疏密关系区分整体植物的明暗关系；

3. 注意植物的生长规律；

4. 注意暗部叶子的不规律性与叠加性；

5. 枝干的前后左右关系要分清。

装饰性陈设配饰

　　合理地选择陈设配饰对于室内风格的定位起着决定性的作用，许多陈设品本身的造型、色彩、图案都具备了一定的风格特征。通过陈设配饰艺术可以打造不同的空间艺术风格，如古典风格、现代风格、地中海风格、田园风格等。

室内陈设的表现方法

在表现时根据画面的构图一般分为近景、中景、远景三种形式，刻画时根据需求进行取舍。

同时在刻画物体时，应注意材质的属性、花式纹样的丰富程度，以及整体的结构关系。

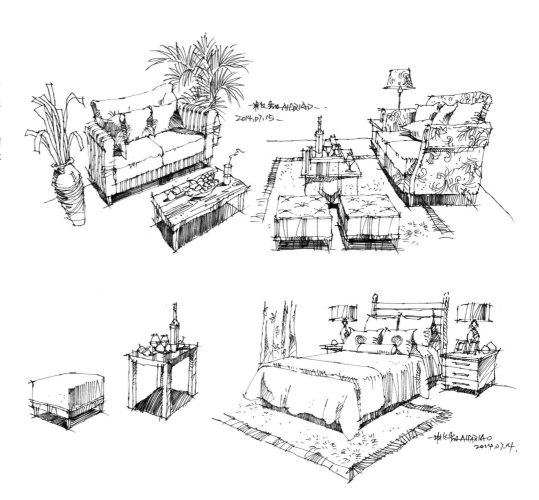

植物与灯具、家具结合可以作为一种综合性的艺术陈设，增加艺术效果。组合盆栽或者特色植物可以作为室内的重点装饰。

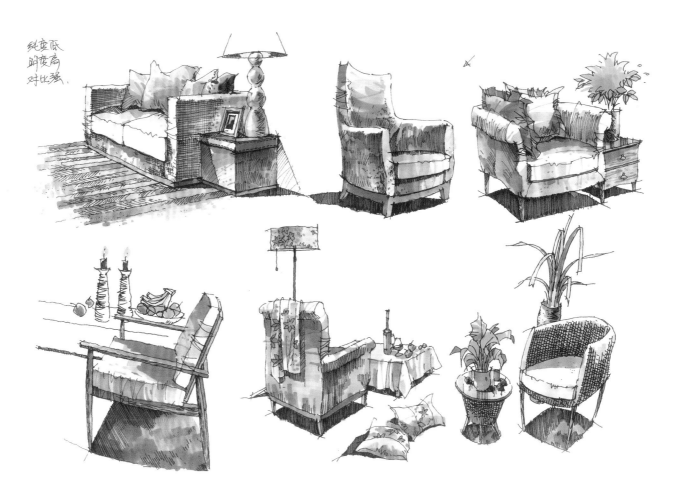

沙发、布艺配饰织物以它们不可代替的丰富色泽和柔软质感，在室内装饰中独树一帜、举足轻重。装饰织物的组合，由室内功能实用性、舒适性、艺术性所决定。

利用绿化装点室内剩余空间，如在家具、沙发转角或者端头，以及一些难以利用的空间死角，布置一些绿化可以使这些空间景象一新，充满生机与活力。

室内绿化作为装饰性的陈设，比其他任何陈设更具有生机与美感，所以现代人常常喜欢用绿色植物来装饰室内空间。

装饰性陈设主要作用是点缀，美化空间环境，陶冶人们的情操。

刻画物体时，以一种非常放松的感受去刻画生活中的物品，可以加强我们对生活细节的观察和把握。

四、景观园林植物表现

　　画好景观植物，首先要做的就是了解植物的生长规律与本体结构，在此基础之上，灵活生动地运用线条，充分地来表达画面中的植物。

　　植物线条用于表现植物的轮廓，以区分不同形态的植物，塑造植物用线要求生动灵活，充分地表达出植物的结构与生长规律。

垂柳

榕树

迎客松

紫叶小檗

水蜡

丁香

HAIKUMAHERXAD
2015.01.11

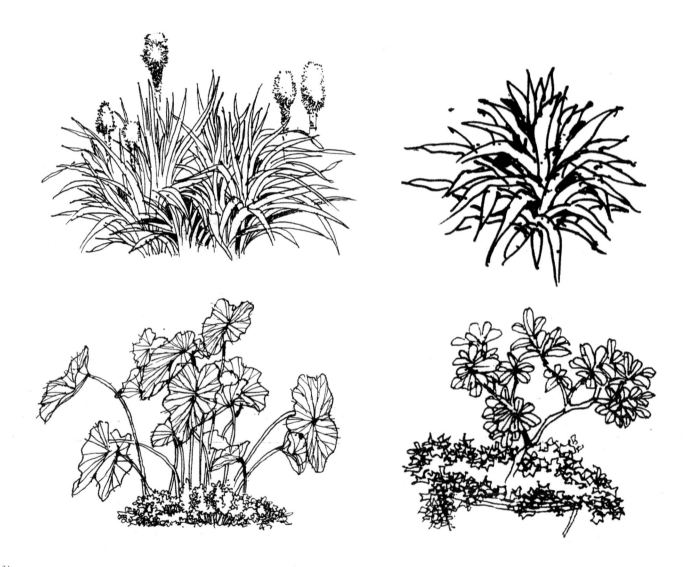

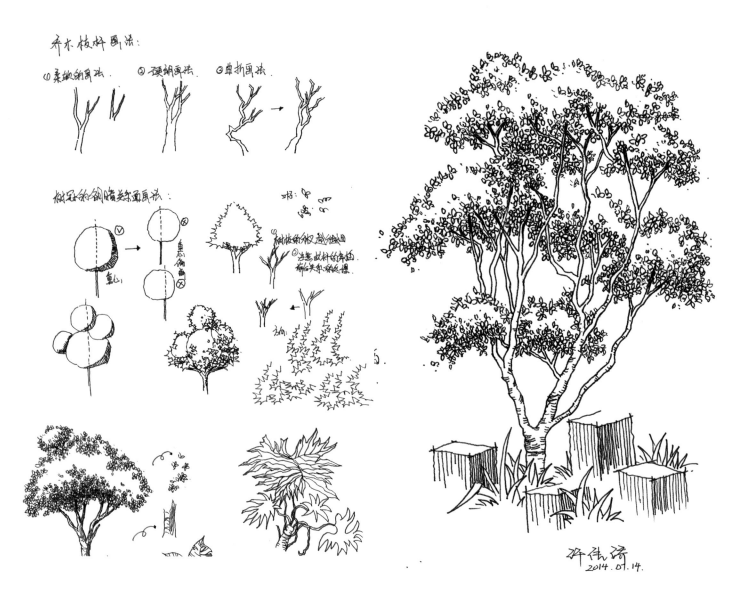

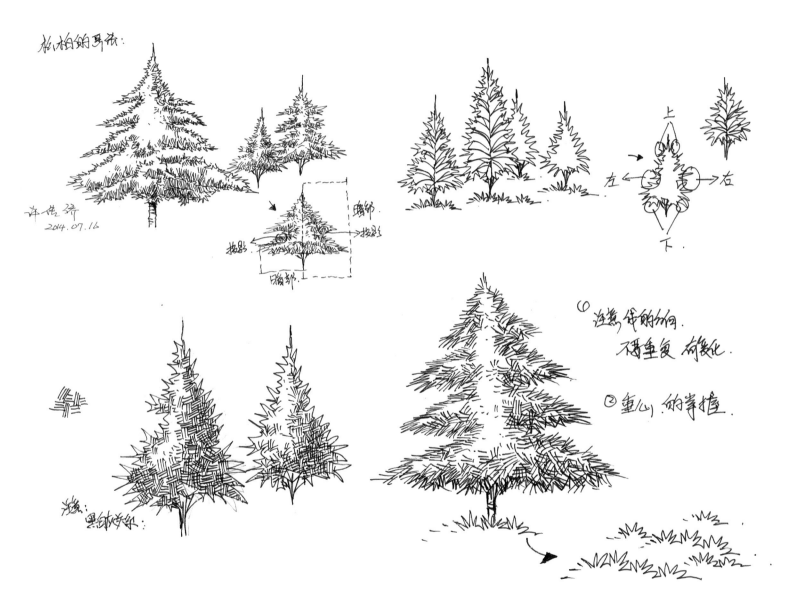

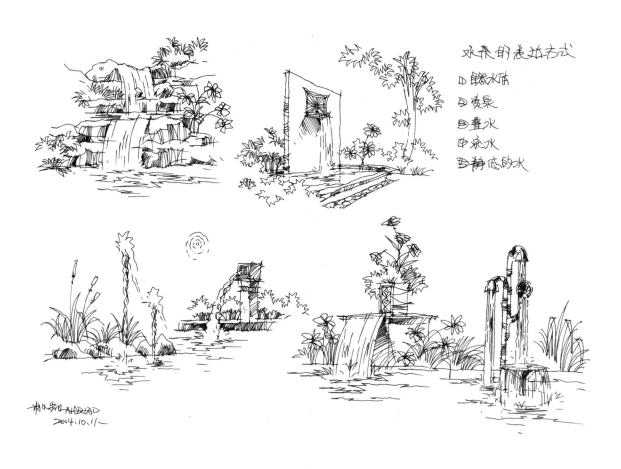

水系的表达方式

① 自然水体

② 喷泉

③ 叠水

④ 流水

⑤ 静态的水

胡松岩 XUSONGYAN
2014.10.11

景观水体的表现

景观水体在景观空间中如何刻画？

首先，我们应了解水的属性，透明、无形，那么在刻画水体的时候，首先要把水体的周边环境刻画到位，运用周边的环境来衬托水的特性。

刻画水体，注意物体之间的主次关系，黑白灰在整体组合中的运用与把握。线条的运用要注意粗细的把握和疏密的关系。

叠水

一水的性质
①无色
②透明
③无形.
④颜色受环境影响.
⑤有投影.倒影.

光照方向

溪泉

圆口

扁口

石头的表现方法

石分三面，注意石头的不规则转折。草前后左右摆向能够形成空间关系。

黑白灰的轻重关系能使空间更具趣味性。

石头细节刻画.

一. 基本知识.

① 基本知识.

卵石　　碎石　　⇒ 虽然形状不同.
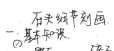
但画的总体想
法不变.

② 国画中"石分三面", 即看到的三个面

⇒ 表现三个面. 表现整
个石头.

③. 三个面要区分开. 任何形状的石头
都可以看成六面体表现.
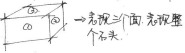
灰面
切割
暗面
亮面
⇒体现石头的不
规则凹凸.

④. △最重要的石头的神韵.
（借用. 国画中山水画. 树很少表现
表现多的是石头. 石体现神韵）

二. 单体.及简单组合练习.

亮
暗
灰

展开练习.
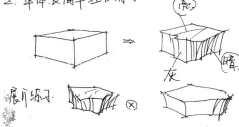
⊗

与草组合:

⊗

三. 照片中的石头.

奇石.

植物细节刻画:

一. 草的表现方法. (常见).

二. 单体及组合练习

a.

b.

c.

比 c. 更具体. 要注意. 草的根部不
应齐整. 要有弧度.

d.

都用小短线表现. 疏密. 长短
都要有变化.

e.

水边的草

三. 实景图片组合景物表现.

油松

樟树

银杏

柳树

五、人物的练习与应用

人物在效果图空间之中，有着活跃气氛、烘托空间氛围的重要作用。在画面之中，人物的近、中、远关系可以有效地拉开画面的空间感。通过画面中人物的刻画，也可以用来定义其空间的性质。

①动势
②形象
③结构

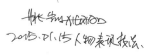
2013.04.15 人物表现技法.

六、马克笔空间上色步骤讲解

（1）草图绘制阶段

从构思到透视线稿，是进入正稿之前的准备阶段。该阶段工作对后续工作的完成起着举足轻重的作用。创作前要通过认真研究，以草图的形式表现创作构思，通过草图推敲、比较、定稿，也为透视线稿的描绘打下基础，提供依据。

技巧指要

方法一：根据所要描绘的空间特征，选择最佳表现角，确定透视表现类型并绘制大致的空间关系。

方法二：根据场景的表现内容来确定画面色调和表现手法。

（2）透视线稿阶段

在草图空间透视、表现元素基本确定的情况下，用比较严谨、规整的钢笔或铅笔线条对空间中的主要构成面、转折面、主要物体及配景的形态、质感、比例、空间位置等进行描绘。

技巧指要

这个阶段要求用线果断、肯定，尽量做到准确到位。一方面需要组织画面中的黑、白、灰的比例分配关系；另一方面需要分清主次关系，对重点对象、视觉中心加以较为全面的描绘，对次要对象采用概括性的画法，让画面在线稿阶段能呈现一定的层次感和准确性。

（3）初步着色阶段

在钢笔或铅笔线稿将画面的基本关系（包括空间关系、比例关系、体积关系和质感明暗关系等）表达完成的基础上，开始对场景内的空间界面和配景进行初步的上色。画面色彩不宜铺满，要有一定的透气性，笔触排列整体有序。

技巧指要

该阶段需将物体的固有色、主要的敏感面进行大致的区分。在着色过程中始终要保持好画面的空间前后关系、整体明暗色块的分部和画面色调的统一。

（4）深入塑造阶段

在处理好整体场景色调、对画面中元素的明暗色彩大体关系调整到位之后，开始对画面中的重点对象进行深入的塑造，其过程主要包括主体对象的细节刻画、明暗色彩层次的进一步加强、材质的细致描绘、光影关系的强调等。画面中用于丰富和活跃空间气氛的装饰元素也应有选择性地进行塑造，以起到锦上添花之效。

技巧指要

该阶段需严格注意用笔用色的严谨性，适当地使用细腻的小笔触进行细节的添加，让画面主次关系更为分明，中心更为突出，精彩程度更为增强。

（5）调整完成阶段

在画面基本完成之后，最后还需要对画面的整体关系进行适当的调整，对于画面的整体空间感、色调、质感及主次关系再次进行梳理，从大效果入手修整画面。如果前面的某阶段对画面某些局部的塑造不甚理想，使画面的整体关系受到一定的影响甚至产生破坏，那么也可以借助其他辅助绘图手段来对这些局部做出修改。

技巧指要

综合运用各类编辑修改工具弥补画面中的缺陷和不足之处，从而使画面的整体协调性得以增强，使作品更加完美。

滨水景观设计

【步骤指要】

1. 在描绘马克笔滨水景观作品之前，首先应分析受到自然光源与人工光源的影响而造成的光影效果，掌握表现光感的各种技巧，在画面的基本明暗及色彩关系确立的基础上，分析在不同的光照影响下的空间光影存在状态，体会自然光源特征、人工光源特征、建筑和景观植物阴影生成和变化的状态与规律。

2. 一般情况下，画面中只确立一个主导光源，在此基础上来分析物体间的阴影变化关系，根据光影生成的客观规律来添加投影和界面的明暗渐变，并注意明暗随光线衰减而产生的强弱变化，从而在物体与物体之间、空间界面与空间界面间及物体与空间界面间建立起联系，让画面产生真实感。

3. 不同时间的阳光会产生不同的光照效果，受光面与背光面的明度、色相都将产生微妙的变化。

4. 表现滨水景观的空间环境以及光照关系时，应注意受光面与背光面的色相明暗差别，受光面亮且暖，背光面暗且冷。

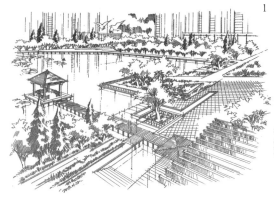
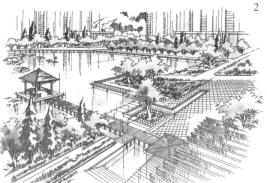

4

居住区景观设计

【步骤指要】

1. 首先在刻画空间的最初阶段，应从整体出发，把握整体空间的光感、环境氛围以及色调关系。

2. 景观空间的表现需要整体统一地考虑空间的季节性、时节性，植物树种的颜色搭配尤为关键。

3. 当整体空间的光影关系以及主体色调表达明确后，应对画面中视域中心部分进行细节刻画，同时把握整体空间的感受。

4. 最后的阶段需要对整体画面进行深入调整，考虑和把握好物体与物体间、物体与空间界面之间的关系，最终落成画面。

办公室空间设计

【步骤指要】

1. 室内办公空间的表现, 首先要对整体空间有准确的定位。确定画面中的主题光源、材质、环境氛围。

2. 在整体空间感受落成后, 需要继续强化画面中的明度关系和光影关系, 使画面关系不断丰富。

3. 在黑白灰的空间体系建立起来之后, 需要丰富基础材质的颜色, 加强画面的色彩群化关系。

4. 画面收笔阶段, 要时刻把握画面的空间氛围和环境感受, 以及整体与细节的关系处理。

酒店大堂设计

【步骤指要】

1. 酒店大堂金碧辉煌的价值感受是在刻画画面时首先要考虑的，定准基本的画面色调方向。

2. 整体铺色的阶段，充分烘托和刻画画面的场景感受。

3. 开始进行细节材质的刻画，画面中皮质的家具以及地面的大理石是画面近景需要细致刻画的部分。

4. 在暖色灯光的处理和把握上，要考虑好画面中视域中心与画面周边环境的取舍关系。

1

2

3

4

办公大楼设计

【步骤指要】

1. 对于建筑画面的表现，首先应考虑建筑的体块关系以及与周边环境的关系。

2. 进行继续刻画的时候，要把握好建筑与景观的主次关系。

3. 加强光影关系在整体空间中的运用和处理。

4. 把握整体画面的关系，材质、结构与画面关系的联系性。

广州歌剧院设计

【步骤指要】

1. 建筑空间层次的表达需要依赖准确的透视关系以及明确的光影关系。

2. 画面中的建筑形体需要生长在整体空间环境之中。

3. 环境光源与建筑自身的人造光源要相互衬托，相互协调。

4. 画面色彩的群化关系，主导整体空间的色彩感受，在用色上既要大胆，同时还有遵循色彩构成的原理。

第三章　　设计手绘表达

一、规划设计手绘空间效果图表现

滨湖景观

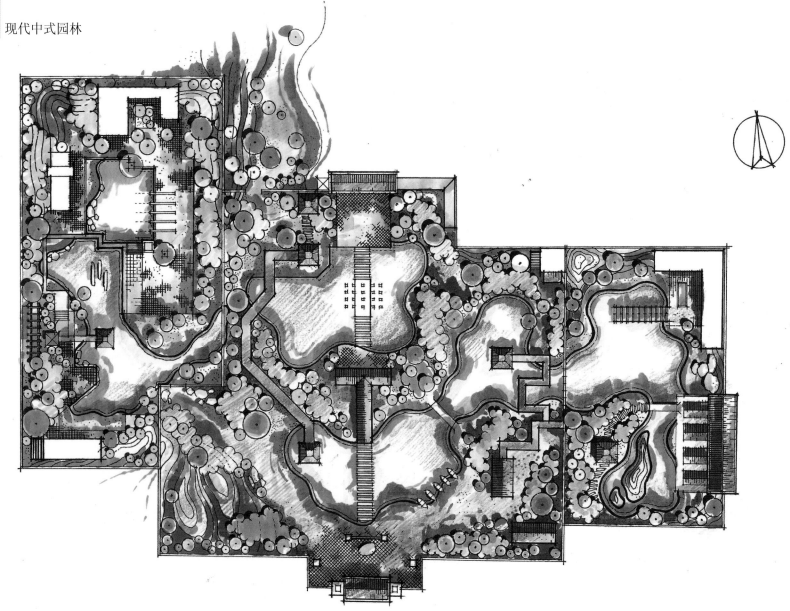

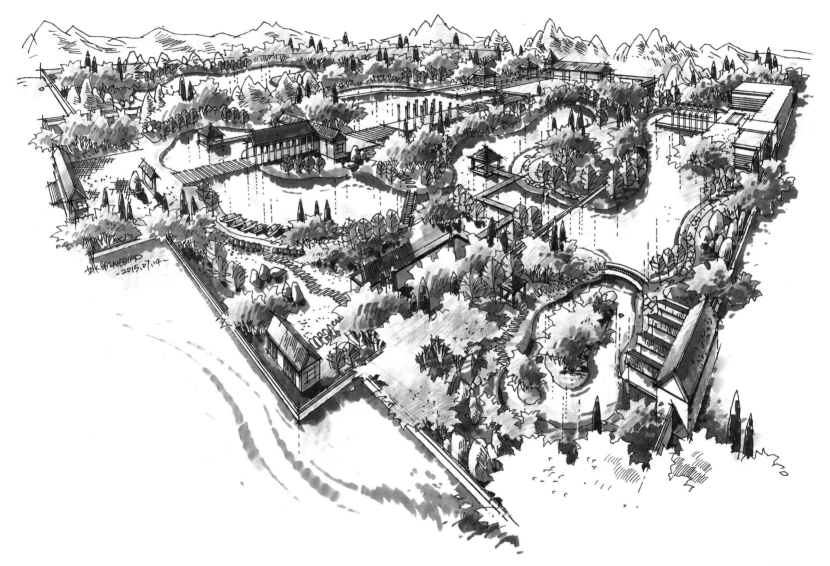

二、景观设计手绘空间效果图表现

滨水公园设计

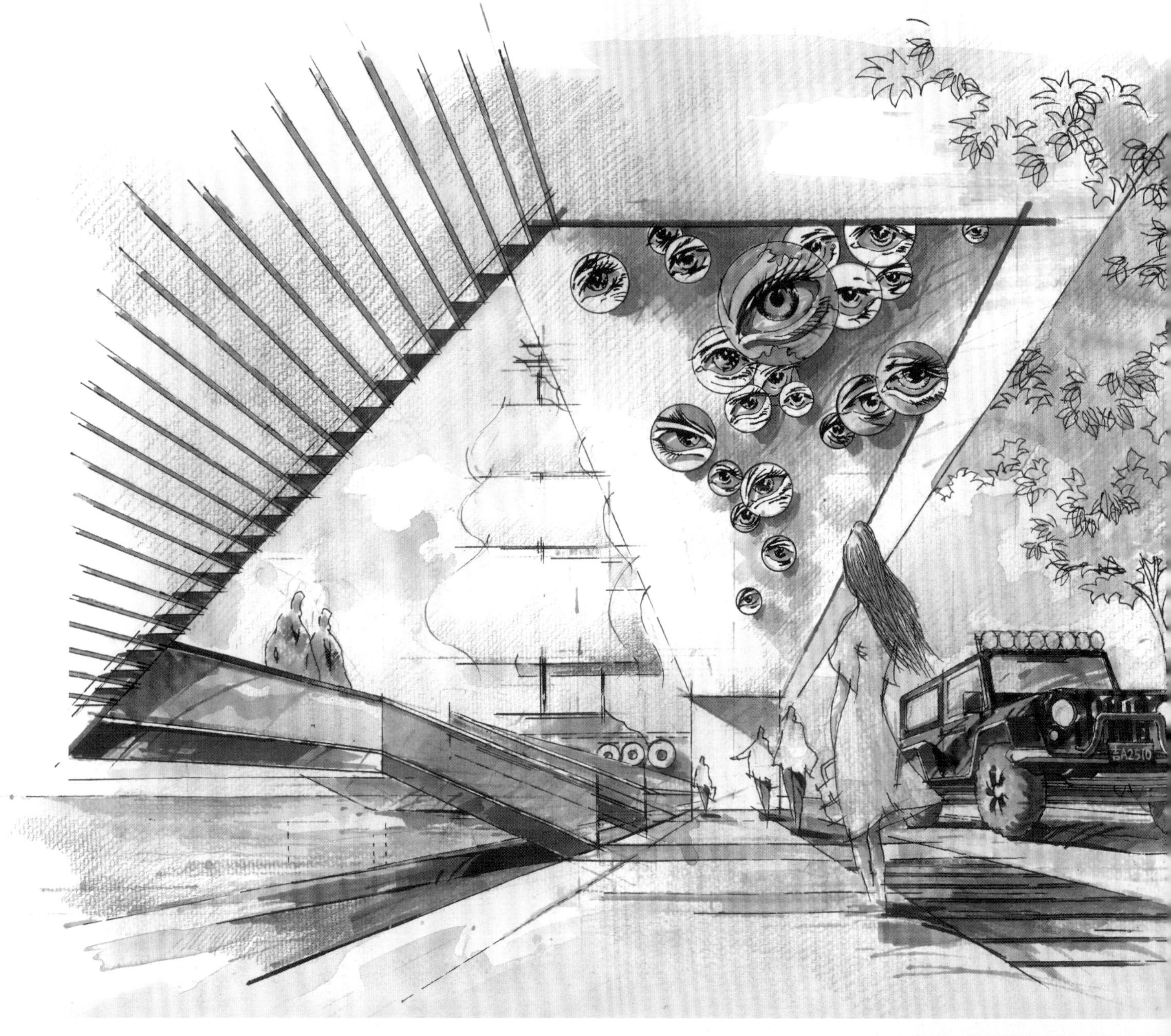

AICQIAO--YAOK 滨水景观

年级：13级环艺
导师：马克車
学生：姚凯

RECHRENIG

玛利亚别墅设计

玛利亚别墅 Hotel Villa Maria

中国建材工业出版社
China Building Materials Press

我 们 提 供

图书出版、图书广告宣传、企业/个人定向出版、设计业务、企业内刊等外包、代选代购图书、团体用书、会议、培训，其他深度合作等优质高效服务。

编辑部　　　　宣传推广　　　　出版咨询　　　　图书销售　　　　设计业务
010-88364778　010-68361706　010-68343948　010-88386906　010-68361706

邮箱：jccbs-zbs@163.com　　　网址：www.jccbs.com.cn

发展出版传媒　　服务经济建设

传播科技进步　　满足社会需求